瘦身，从收纳开始

〔日〕梶谷阳子 著

郝皓 译

U0320189

江苏凤凰文艺出版社
JIANGSU PHOENIX LITERATURE AND
ART PUBLISHING, LTD

前言

看到"瘦身收纳"这个题目，大概有不少读者会抱有"这本书里面是不是都是减肥的秘诀""看了这本书是不是就能瘦了"的期待。我不希望造成不必要的误解，所以在此处声明，这本书中没有写"瘦身的方法"，并且也不会让人"读了这本书就能变瘦"。

我属于"万年减肥"的类型，有很长一段时间都很痛苦，也有用错了减肥方法，把身体搞坏的经历。某些时候还为了减肥而失去了自己和家人的笑容。但是，自从和整理收纳相遇后，我就将整理收纳的思考方式融入到生活中，把家收拾得整整齐齐。这样，也把自己从痛苦的减肥过程中解放出来。在我目前的生活中，家庭环境、身体以及心灵都非常清爽。

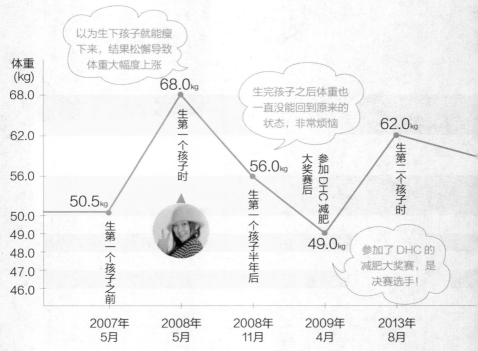

以为生下孩子就能瘦下来，结果松懈导致体重大幅度上涨

生完孩子之后体重也一直没能回到原来的状态，非常烦恼

参加了DHC的减肥大奖赛，是决赛选手！

体重 (kg)

68.0 | 68.0kg 生第一个孩子时

62.0 | 62.0kg 生第二个孩子时

56.0 | 50.5kg 生第一个孩子之前 | 56.0kg 生第一个孩子半年后 | 参加DHC减肥大奖赛后

50.0
49.0 | 49.0kg
48.0
47.0
46.0

2007年5月　2008年5月　2008年11月　2009年4月　2013年8月

2

本书讲述了如何将整理收纳的思考方式用在收拾屋子和减肥中，整理和减肥相结合中什么才是重点，生活中要注意的以及如何维持生活方式等相关内容。这是只有作为"万年减肥"并且不断失败的人以及追求整理收纳的人才能写出的内容。希望读完这本书之后，大家的内心会有"整理"和"减肥"是"有趣的东西啊"，或者是"能带给人笑容的东西"的想法。

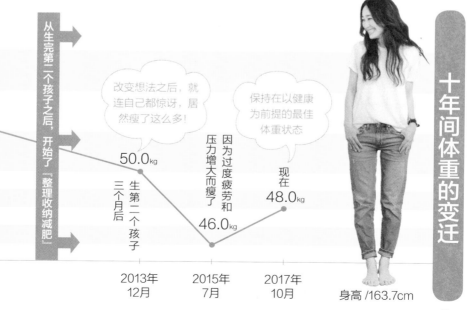

从生完第二个孩子之后，开始了『整理收纳减肥』

改变想法之后，就连自己都惊讶，居然瘦了这么多！

保持在以健康为前提的最佳体重状态

十年间体重的变迁

50.0kg

生第二个孩子三个月后

因为过度疲劳和压力增大而瘦了
46.0kg

现在
48.0kg

2013年12月　　2015年7月　　2017年10月

身高/163.7cm

目录

第 1 章

为什么会觉得整理
和减肥很像

整理收纳的思考方式，和减肥是相通的。把房间整理
干净的话，自己的身体也会变得清爽。本章就介绍一
下为什么会这样。

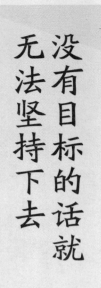

1

没有目标的话就无法坚持下去

要整理的话，怎么做呢？

我认为收纳和减肥很像的一点就是，"如果没有一个明确的目标的话，就无法坚持下去"。并且我切身的感受是，想着"为了自己"而不是"为了别人"，效果会更好。例如，被家人说"把这乱七八糟的收拾一下！"，和"把这个房间收拾干净，然后请好友们来喝茶吧"这两种情况的动机是完全不同的。这种情况在减肥上也一样。

高中的时候，我曾被班里的男生评论"那家伙的体形超糟糕"。我听到后非常受打击。之后，就开始了既没有目的，也没有动力的错误减肥法。

我认为，不论是收纳还是减肥，"坚持"和"快乐"才是通往成功的捷径。所以，抱着"是为了自己"这个明确的目的，才是迈出的第一步。

这是我家的客厅。即使家里有小孩，也不会让东西就那样散落在外面，每天都会有意识地尽量保持这个整洁的状态。

2

设定简单的目标可以防止气馁

开始收纳和减肥的时候，我认为"要有大大的梦想"这点是非常重要的。因为有这样的目标在督促自己，所以在一旦遭受挫折的时候就可以帮助自己坚持下去。并且，在描绘梦想的时候，我明白了有一些事情是必须要考虑到的。

那就是，实现这个梦想时达成的"目标"。并且我还发现，为了达成这个目标而需要不断达成"小目标"，才是让收纳顺利和体重"不反弹"的关键。我也是在获得了"整理收纳指导士"的资格后，才注意到了这一点。

我从以前开始就非常喜欢打扫和整理，所以这么多年来也一直都在坚持着。或许你经常会发现在把一个地方收拾干净之后，不久又会变得乱糟糟的。我认为，这是因为你没有一个一个需要逐一完成的"目标"，而造成只有一时干净的结果。

不论是家庭环境还是身体，明确目标，然后再逐一解决，这样你就能一步一步靠近你的梦想。

虽然可能有些麻烦，但是先把想要写的东西在脑中整理一下，明确梦想、目的和目标。请一定要试一下。

制作金字塔

减 肥

例

梦想：成为被自己的孩子发出"妈妈好帅啊！"
这种赞美的女性！

目的：要变成即使是穿 T 恤或者是牛仔服也很时尚
的体形！

梦想：
....

....

目的：
....

....

例

晚上不吃第二碗
米饭

出去吃的话不选
套餐

每天
只吃 2 根冰棒

上午只吃 1 次
零食

不使用扶梯或
者是直梯

减肥的目标金字塔

实现梦想的目标

收 纳

> **例**
>
> 梦想：要出一本关于收纳的书!
>
> 目的：让家里可以轻松收拾干净! 让家人们都能笑着生活!

梦想：

目的：

例

收纳的目标金字塔

一层一层地整理抽屉里的衣服

孩子房间里的玩具要和孩子一起整理

把书分类

一层一层地整理厨房的橱柜

一层一层地整理餐厅的抽屉

3

不论是家还是身材『胖』的原因都因人而异

我是个"万年减肥中"类型的人，所以之前反复失败过很多次。关于收纳，虽然谈不上失败，但是也有很长一段时期处于"不知道为何就是很不清爽"的状态。

但是，在学习了整理收纳之后，终于搞清楚了之前减肥失败以及一直不清爽的原因。家和身体都变得臃肿的根本原因就是——不适合自己。"为什么不论再怎么收拾，最后都会又变得乱七八糟的呢？""为什么不论怎么减肥，最后又会反弹回来呢？"，就是因为我们一直没有去弄清楚这个"为什么"。

不论是家还是身材，"胖"的原因都是因人而异的。所以，如果不考虑"自己为什么会胖"的话，当然也就没办法想对策，更没办法去解决了。"家里乱糟糟的，是因为东西太多了。为什么东西会多呢？是买的东西太多，还是收到的东西太多呢？"。明确其中的问题，然后消除这些问题。在学了整理收纳之后，才明白了这样做有多么重要。这也让我切身体会到了这种想法和减肥是相通的。

如果不定期检查碗柜的话，那里是"容易胖"的地方之一。就我家来说，给来访客人用但并不常用的碗具有很多，正在讨论要减少它们。

买太多？
收到的东西
太多？

实现梦想的目标

回想一下，找出问题所在，把它解决掉吧。

吃太多型

身材

运动不足型

喜欢零食型

喜欢夜宵型

喜欢酒精型

喜欢甜食型

喜欢高脂肪型

主要原因

- 压力大
- 被拽着一起吃东西
- 吃得太快
- 经常出去吃饭
- 吃剩饭
- 边看电视边吃
- 饭做得太多
- 明明肚子不是很饿，但是出去吃饭还是会点套餐
- 不知不觉就要了免费的『再来一碗』
- 口味重

你的家和身材"胖"了

不论是家还是身材，胖总是会有它的原因的。首先要从平时的生活入手。

囤货型

家

冲动购物型

不舍得扔型

赠品多型

收到的东西多型

喜欢买收纳工具型

不知道怎么扔东西型

主要原因

- 压力大
- 觉得扔掉太可惜
- 特别喜欢一元店
- 喜欢网购
- 喜欢动漫周边
- 会留着纸袋和空箱
- 看到散乱的东西首先就去买收纳用品
- 喜欢大减价
- 喜欢福袋
- 喜欢流行的东西

贪便宜的想法是造成家和身材『胖』的原因

在收拾家的时候和减肥的时候，有一个共同指向成功的"魔法问题"，那就是，"对于现在的自己而言，这是必需品吗？"

我想我在学习整理收纳之前，并不曾有意识地想过"家里的东西变多了"。但是，家里乱糟糟的，是因为有一个让家里的东西增多的人存在。有了"好便宜啊买了吧""不要钱就收下吧"这些想法当然会让家里东西越来越多。关于减肥也是，比如在肚子不饿的情况下一边看电视剧一边吃零食，或者是出去吃饭的时候因为划算就点了套餐……学过整理收纳之后，就会意识到，像这样的小积累，会让家里和身材都越来越臃肿。时常问问自己诸如"这个，真的是必需品吗？""现在真的饿了吗？"这样的问题。如果问了就会发现，回答"不"的次数占比较多。

这些问题让我的生活习惯得到了改变。确实一不注意，家和身材就会变臃肿，但只要稍加留意就可以避免发生这种情况。

因为要在餐厅进行工作，我用这个 3 层架子进行收纳。但这里也是家人生活的地方，要注意不要无意识地增加东西。

用照片来进行『之前和之后』的对比，对于减肥和收纳都有非常大的效果！

5

在我看来，收纳和减肥有一个共同点——"可以提高动力"。在开始减肥之前，我一定会先拍张自己的全身照。说实在的，并不想看到发胖的自己，更别说还要留下照片了，本来这种事情要尽量回避，但照片不会说谎，正因如此，瘦下来的成果更加一目了然。

每天都关注镜子里的自己的话，可能会错过自己的一些细微的变化和微小的成功，甚至会给人带来一种"完全没变化啊……"的感觉，然后就半途而废了。但通过照片对比的话，就能够感受到细微的变化和微小的成功。

人其实很单纯，只要稍微感受到一点成功，就会有继续下去的动力。这条诀窍也适用于收纳。如果拍下收纳前的照片的话，那就算只是通过一个抽屉也能明显感到收纳带来的变化。家和身材都不可能一下子就瘦下来。所以说，点滴的变化和成功才愈发必要。这些变化和成功成为动力，就是让收纳和减肥可以快乐得坚持下去的秘诀。

从照片中可以更好地看到变化

6

房间收拾干净的话，只要你想运动，就能立刻运动！

开始产后减肥的时候，我对一直无法稳定下来的体重非常烦恼。每当想到"再不运动的话就真的不行了……"的时候，我首先想到的运动就是"让身体立刻活动起来的剧烈运动"。我是那种只要想到就立刻要开始的性格，所以马上开始做"剧烈运动"进行减肥。这样就有了"收拾干净的空间是减肥的强有力的同伴！"的感觉。因为如果家里没有收拾干净的话，那么我在开始剧烈运动之前就必须要"清出一块可以让我运动的空间"。

除了减肥，做其他事情也一样，比如在做饭之前，首先要收拾出做饭的空间，这都是非常麻烦的。我切身感受到，"在想到的时候可以立刻付诸行动的空间"对于减肥还有生活，都是非常有帮助的。

在打扫卫生的时候挪开东西是非常麻烦的！

生活用餐区的一角。没有妨碍运动的东西，这会让打扫还有准备做饭以及收拾东西这样的家务事顺利很多。

那个地方可以立刻开始剧烈运动吗？

把家和身体重新整理，易于发现不需要的东西

7

在家工作的时候，我一定会把家里重新收拾一遍才开始工作。这么做的理由是如果家里不收拾干净的话，就会分散注意力，无法将注意力集中在工作上。如果厨房放着没洗的物品，看到的时候就会想"啊，必须得洗了才行啊……"，怀着这种心情工作的话，工作效率会降低很多。但是，如果把家里重新收拾干净的话，就不会有多余的东西映入眼帘，这样就可以怀着轻松的心情集中注意力工作，工作效率也会提高。同样，身体也是在变得清爽之后，就会有一定要让自己的外观看起来也很清爽才行的意愿。

我将家里都收拾整齐之后发现，这种整齐的状态，可以让自己更加容易发现不需要的东西。并且待在没有多余东西的空间里，分配时间的方法以及自己的行为方式都会发生变化。我认为这在减肥上也同样适用。在有限的时间里集中做需要完成的事，用有限的物品使自己乐在其中。多亏有了这整洁的空间，才让我体会到了这些事情的重要性。

房间整洁的话，人的心也会不可思议地静下来，注意力可以集中在工作上。

身体清爽了之后，心情也会变好，会更加注意自己的外表。

8

坚持的秘诀是想象以及记录成功之后的那份喜悦

收纳也好减肥也好，如果自己不快乐就没办法坚持下来，更不用说成功了。所以我为了享受收纳和减肥的乐趣，会把成功之后的快乐记录下来，或者想象成功后的情景。收纳方面，"把家里收拾到只剩需要的东西，就可以选收纳工具了。选什么比较好呢，贴什么标签好呢？"想象这些事情以及之后的场景，这些都变成了我的乐趣。

接下来是减肥方面，"瘦下来的话怎么穿搭比较好呢，剪个什么发型比较好呢？"这样想也已经成为我的一种乐趣。不论是要做什么事情，"下功夫让自己开心"是很有必要的，其中一个方法就是"描绘成功之后的快乐"。这会让生活中的每一天都变得快乐。外出购物时也会想到，"如果把家里收拾好的话就买这个吧""如果瘦下来的话就挑战一下这种牛仔衣吧"，这么想着乐趣也会增加。我也确实感受到了"描绘理想"这种做法对我的生活产生的"连锁作用"。

我非常喜欢用标签机器制作标签。
字体样式很多，根据用途选择样
式也是一种乐趣。

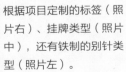

根据项目定制的标签（照
片右）、挂牌类型（照片
中），还有铁制的别针类
型（照片左）。

制作标签也
是一种乐趣

27

9

整理等于运动。每天都稍微做一下，就会形成『减肥的习惯』

不论是收纳还是减肥，效果都不会立竿见影。一点一点花费时间打造"瘦身程序"才是我们能做好的事。

我通过日日夜夜进行收纳和减肥感受到的就是——让家和身体瘦下来的源泉就隐藏在每天的收纳整理之中。

从早上起床到晚上睡觉，每天生活中的所作所为，即使只是稍微动动也算是身体运动，或多或少都会消耗一些热量。说实话，我现在一点儿运动都不做。因为如果强行加入激烈运动的话，既不能和我的"减肥习惯"相关联，也不能快乐地坚持下去。对于我来说，每天把家里整理得干干净净，就是让家庭和身体都变清爽的最棒的运动。所以这么一想，每天的收纳也不是被强迫才不得不做的，可以开心地坚持下去。

只是把散乱的东西捡起来搬走，简直就不能称为运动。但如果每天都做一些这种小运动，日积月累下来，就会和什么都不做拉开巨大的差距。

10

以自己为轴心，不要以其他人的体重、家为目标

在 25 岁之前，我一直在重复错误的减肥方法，就是那种"总之先把体重降下来"的方法。不管自己的健康状况，也不管外表变成什么样，只要体重降下来就算"成功"了。当然，也会每天都称体重，并非常在意体重秤上的数字，哪怕只是增加了 500g，也会有种世界末日降临的消沉气氛。

现在的我是完全不再上体重秤了，但被体重这个"妖怪"牵着鼻子走的那段时期真的是非常痛苦。在开始现在的工作之后，认识了很多在收纳方面有烦恼的人，并且这些烦恼着的人，也和我在减肥上有同样的烦恼，那就是如何"拼命减少家里的东西"。

我认为不论是家还是身体，在减肥的时候都要遵循一个绝对的条件，那就是"让自己和家人拥有笑容"。如果减肥过度使自己无法保证健康，或是家里的东西削减过多导致家人无法舒适地生活，都无法让自己和家人拥有笑容。所以我认为既然是自己的梦想和目标，就不要以他人的状况为轴心。这一点很重要。

家里有小孩的话，那么客厅肯定会乱。但是，即使不能一直保持完美的状态，只要家人可以面带笑容地生活，就是最重要的。

痛苦的话就无法坚持

第 2 章

家和身体变"苗条" 与物品"交往" 的方法

从丢弃不需要的物品开始"整理收纳"和"减肥瘦身"。
我现在向大家介绍，我与物品"相处"的方式。

1

过去和未来都不考虑，只留下适合现在的衣服

在开始进行收纳工作之后，经常会遇到诸如"拥有的衣服要有一个规定的数量吗？"这种问题。我的回答是"没有一个规定数量，但是我只会保留自己喜欢的衣服"。家变胖的理由当然也是因为东西太多了。但是，我认为只是东西多并不能让家胖起来。就算东西多，要是自己能够管理好的话，那些东西就不再是家里多余的赘肉，而是组成家的筋骨。

到底要不要丢掉这件衣服？这是个恼人的问题。我觉得要扔掉衣服的时候，不该"等到破了才扔"，而是"因为已经不适合自己了"就爽快地丢掉。这和自己的体形和年龄都有很大的关系。比如，自己即使近十年来体形都没什么变化，但是十年前的衣服也不一定适合现在的自己了。就像既有适合年轻人穿的衣服，也有上了年纪才能穿出韵味的衣服一样，过去和未来都不去想，只保留适合自己当下体形和年龄的衣服，才能不让家和自己发胖。

因为需要有参加讲座等公众场合穿
的服装，这类衣服也不能太少。但是，
记得只保留自己喜欢的服装。

服装是用来调整身心状态的重要物品。在买的时候会问自己，是真的非常喜欢这件，还是生活中这件衣服不可或缺。这么做的话，购买服装的次数自然就会减少。

服装

只留自己最喜欢的

平时穿的是 T 恤和牛仔裤

春夏最常穿的就是白色的 T 恤。会挑选适合自己的样式。秋冬常穿的是针织衫和运动衫。

下装的话什么季节都一样，以牛仔裤为主。选择牛仔裤的标准是适合自己现在的体形，质地舒适。

做讲师的时候会穿得稍微正式一些

在稍微正式一些的场合，要给人留下干练的印象。我的选择多为简单的针织衫和能体现出女人味的衬衫。

在正式场合的下装基本都是裤子，动起来很方便。我会买穿着舒服但是颜色不同的裤子。

服装

摆放要一目了然

要把服装控制在自己可以掌控的范围内，为此就需要一个让人一目了然的壁橱。这样就不会有找东西的压力了，也更容易做协调。

(A) 平时穿的区域

经常穿的衣服分成日常装和工作装两个区域来收纳。其中，经常穿的衣服放在中间容易取出的位置。

(B) 工作穿的区域

做讲师授课这种需要站在大家面前时穿的衣服，放在左手边的区域。衣架统一使用铝制的，看起来整齐并且省空间。

在架子的交接处，可以挂收纳袋。像帽子和披肩这种不经常使用的可以放在收纳袋中。

不是当季要穿的衣服用竹篮装起来放在顶棚。为了防止衣服被竹篮刮坏，要在竹篮内侧铺一层布。另外，为了一目了然，记得收纳的时候把衣服竖着放。

找衣服也是一种乐趣

毛衣和棉布装等放在抽屉里的衣服，要配合抽屉的高度进行收纳。这样找起来会比较方便。

2

选择不会对自己现在的体形说谎的运动鞋

年轻的时候我总是穿鞋跟很高的鞋，因为觉得鞋子很"可爱"。但是随着年龄的增长，有段时间选高跟鞋的理由发生了变化，那就是穿高跟鞋"多少可以让人看起来瘦一些"。即使减肥但却怎么也瘦不下来，那阵子对自己感到厌恶，脾气也很暴躁，所以，就会选一些穿上显瘦的高跟鞋，或者不显腰身的服装。现在回想起来，可能那些选择才是让自己变胖的真正原因。那些隐藏自己身材缺陷的衣服和鞋子们组成了自己身上和家里的"脂肪"。后来我才明白，减肥的第一步是从了解现状开始的。

目前我除了工作，其他的时候都是穿基本没跟的运动鞋。选择运动鞋，既有"运动鞋会让行动方便"这样的理由，同时也易于看出自己的体形。我最喜欢的运动鞋，既是增强我减肥动力的伙伴，也是辅助我减肥的助手。

鞋

运动鞋是减肥的伙伴

高跟鞋是做讲师时等正式场合穿的。工作以外的时间，或者是做整理收纳工作的时候，都穿运动鞋。当然运动鞋穿起来很舒适，但选择运动鞋的理由是因为鞋子很可爱。

我放鞋的区域

鞋柜在房间和水泥地之间的地方，我的鞋放在不容易拿出的靠近水泥地的一侧。容易拿出的部分优先摆放家人的鞋子。

现在中意的运动鞋

现在比较中意穿起来舒服，并且配色和样式百搭的运动鞋。只要看到运动鞋就会觉得很兴奋。

3

眼镜和手表这些小物件也非常值得品味

我在减肥的时候经常想的就是："想要变成穿 T 恤或棉布衫这种朴素的服装也能很帅的女性。"虽说是简单的装扮，有些人穿上看起来就很时尚。这是为什么呢？我思考后的结果就是："这些人都有自己为之拼搏的一件事情，他们都会由内而外地散发出美和温柔。"她们可能就是那种知道如何选择样式简单但适合自己的，可以轻松愉快地维持自己体形的人吧。我的目标就是成为这样的女性。有自己为之奋斗的事情，穿着简单且与自己体形相称，可以轻松愉快的维持自己的身材。

喜欢简单样式的我，并不善于搭配小饰品。但我非常喜欢眼镜和手表，所以它们就成了我为数不多的饰品。虽说如此，选择的时候绝不妥协，只选自己真心喜欢的，能激励自己前行的，这些活跃在生活中的小物件儿并不会成为家中的脂肪。眼镜和手表是适合我的，它们同样也是快乐生活中必不可少的一部分。

出门时用的眼镜会收在玄关

太阳镜和平光镜需要在玄关的大镜子前决定戴不戴，所以收纳在玄关的鞋架上。回家之后也可以立刻就放回去。

正因为家中环境和着装都很素朴，所以才更需要让人快乐的环节。家里的话，就是桌上的花以及餐具垫，而配饰的话就是手表和眼镜了。配合季节进行搭配，让人乐在其中。

手表收纳在卧室里

手表和在家用的眼镜的收纳位置为卧室的化妆台旁边。不仅为了拿起来方便，更因为每个都是自己非常喜欢的，所以想要更好地收纳起来。

4

选择化妆品的标准是「适合自己现在的肌肤和肤色」

大家都有多少化妆品呢？其实我对化妆相关的一切都很生疏，即使是现在也没办法感受化妆的快乐。"肌肤非常敏感"，这也是目前为止令我无法感受化妆快乐的原因之一。我以前有皮肤病，脸上又红又肿，看到我脸的人都会吓一跳。即使有段时间对化妆感兴趣，但是一化妆皮肤就会变红，所以无法体会到化妆的乐趣。

但是，最近有一位对化妆很有研究的姐姐给我推荐了有机材质的化妆品，现在也稍微能够体会到一些化妆的乐趣了。选化妆品的标准，不是因为流行或便宜而买，而是和选择服装一样，"适合现在的自己"。如果不这样的话，就没有使用的机会，最终变成家里的累赘。就我而言，会选择适合自己肤质的以及适合现在自己肤色的。另外，化妆的工具大多比较零散，如何可以不费劲儿地找到？怎样可以更加享受化妆的时间？在进行收纳的时候要考虑到这些问题。

卧室内的化妆角。化妆品都放在座位附近最方便拿的抽屉里。

我小时候皮炎很严重，养成了喜欢挠脸的习惯，导致脸上的皮肤容易发红，真是非常难受。但我也找到了适合敏感性肌肤使用的化妆品，现在也可以好好享受化妆的乐趣了。

这些是基本的化妆品。眼影是茶色系没有金粉的类型，眼线是黑色的，腮红是粉色系。口红是粉色系，有时也用浅茶色系。不适合当季用的也分类收纳起来。我没有用粉底液。

这就是俄罗斯方块式收纳

你知道俄罗斯方块吗？对我来说收纳就像玩这个游戏一样。我时常会思考"如何组合才能填满空缺呢？"我非常喜欢按照玩俄罗斯方块游戏的方式制作的化妆角。

当季用区域

化妆品的形状都各不相同。高度低的东西拿起来不方便。这时候就运用玩"俄罗斯方块"游戏的方式来解决"高低不同"的问题！

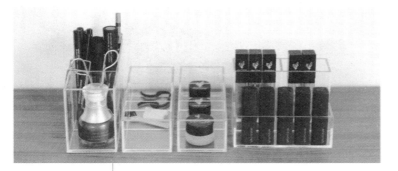

非当季用区域

刷子这类零碎的物品按照用途放在别的箱子里。出席活动时佩戴的首饰先放在小袋子里，然后放在另外的箱子里。非当季用的化妆品放在有盖的盒子里，贴上标签。

化妆品工具 让化妆变得快乐的收纳

化妆品工具

即使外出也容易取用的收纳

在外出的时候，我会随身携带多功能的，可以放在大包里的化妆包。在外面化妆的时候，要在有限的时间和空间中快速地完成，所以多功能便携化妆包就非常有用了。

因为工作的缘故我经常会出远门，所以除了化妆品之外，也会带着洗漱用具等零碎的日用品，这些东西都收纳在便携化妆包里。虽然也想过把化妆品和其他的小东西分开放，但是为了方便携带尽量收纳在一起，不想让包里太乱。所以使用了这款能收纳更多东西，而且方便拿放的便携化妆包。

家中收纳的第一原则是"让家人方便使用"，收纳自己的东西的时候，也要本着"简明，容易取用"才行。我认为不论居家时还是外出时，不需要花费太多时间的收纳用品和收纳方法，是提高每天育儿、做家务、工作效率不可欠缺的要素。

可以收纳所有的化妆品和小物件的便携包，可以放在旅行包里面。外层的口袋可以放眼镜和纸巾。

包里也收拾干净！

因为有各种内嵌的口袋和带拉链的口袋，所以像洗漱用具和罐装的护肤品也都可以放进去。出差和旅游的时候都非常方便。

所有的物品都竖着放。无论在多窄的空间，都不用完全打开就能拿出东西来，非常方便。

5

钱包的整理同自己的家和身体有关联之处

整理钱包和减肥，虽然乍看之下毫无联系，但在我看来这两者是非常相似的。因为整理钱包和"自我管理"非常相似。钱包每天都会拿在手上，所以一天至少会看一次。不过应该很少有人可以一下就说得出"现在钱包里放了多少钱，有几张积分卡，几张银行卡，几张票据"。在每天的生活中能明确了解这些的话，就可以重新审视自己的生活习惯，同时也可以搞清楚东西增加的原因。

整理钱包也是自我管理

虽然每天都会看到自己的身体，但是和看钱包一样，里面细小的部分都容易看漏。对于减肥来说很重要的一点就是："以确保健康为绝对前提管理自己。"没有健康，就更谈不上减肥了。虽然可能听起来很奇怪，但是我每次在整理钱包里面东西的时候，都能重新认识我的家和身体。"今天没有买多余的东西"，"今天没有出去吃饭"，每天在整理钱包的同时确认这些事情，不论是对家还是对身体，都起到了"管理自己"的作用。

只留下了工作相关和税务申请用的票据。这些票据会在当晚拿出来，然后分类装在文件夹里。这样，钱包随时都能保持整洁。

票据 在当天整理完毕

6

食品存量要在能管理的范围内

以前我们家的食品存货很少，基本等于没有。差不多每隔两天就会购物一次，所以觉得存货没有必要。但是，有件事让我对"食品存货"的认识发生了巨大的转变。

有一天我和女儿一起看新闻，播放的是受灾地区的人们的生活。看到这些之后女儿这样问道："妈妈，如果现在发生地震，没办法去商店，水电都停了，我们还能像平时一样生活吗？家里有吃的吗？"被这样问到之后，我才发觉现在家里的状态：如果发生了灾祸不能出门购买生活必需品，就无法维持正常生活。

在被女儿问这些话的那段时间，我恰好取得了"防灾士"的资格，于是就开始认真地重新规划收纳场所和食品的存储。在那之前我认为多余的存储只会让家和自己变"胖"而已，但是后来我发现，如果明确了"为了什么存储"的话，那么存货就不会变成累赘。

食品储存

按照循环储备法存放是不会造成浪费的

准备储备粮很重要的一点就是"与平时饮食内容无异"。这是我在考防灾士时学到的非常重要的东西，希望大家也都知道。我会储备一些我喜欢的真空包装的食品，少了之后就再补充。

橱柜下的食品

橱柜下的区域会储备收纳一些可以在常温下保存的蔬菜和干货，例如，小麦粉和面包粉，还有罐头和调料，紧急备用食品和零食等。

抽屉中的饮用水

抽屉里会储存饮用水。按每人每天 12L 的量，储存 3 天的量。应对没杯子的情况准备了可以直接喝的 500mL 和大容量的 2L 这两种。

还准备了没准会派上用场的"应急塑料袋"，塑料袋和水保存在一起。

为了什么而存的存货

现在，即使停了水电，家里也储备了保证供给三天用量的水、米，以及水果罐头和副食品罐头。并且采用了循环储备法*，这样就可以防止食品过期，也能让它们不成为家里的累赘。

※ 循环储备法就是，日常生活中也会吃掉紧急备用粮，吃完之后再买新的，进行这样的循环，就可以一直保持一定量的新鲜的紧急备用粮，"边消耗边储备"的方法。

以考取"防灾士"的资格为契机，我开始着手对食品储备进行组合。但是到目前为止也还在不断改进中。不要被"一边消耗一边储备"束缚，目标是容易取出，容易收纳管理。

左边的盒子里是黄油面酱、清汤料，中间主要是和米饭有关的茶泡饭、紫菜盐、海苔、干松鱼片、芝麻，右边主要是味噌汤用的海带丝、切碎的裙带菜。

因为烹饪用具是全部用电的类型，所以为了应对灾害时断电，准备了"小型燃气灶"。把它装在文件盒里面，完全不占地方。

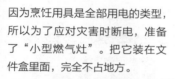

米和酱油还有经常用到的调味料都放在文件盒子里。大容量的东西在用完之前就不新鲜了，所以买的都是小容量的。

常温蔬菜也是循环储备的一部分。根茎类蔬菜要从袋子里拿出来，放在透气性好的有网眼的钢丝收纳盒里。

橱柜下的储备品区域。所有的容器都贴上标签，看一眼就知道里面装了什么。

半透明的抽屉，上层是零食。小包装的零食要从大的包装里拿出来，然后放进抽屉里。中间的抽屉里放的是速食米饭、意大利面、味噌汤料、干面和调味料等。下层是罐头。罐头一般竖着放，不过躺着放更容易知道是什么口味，补充时要把日期新的放在里面。

7

不会转化成家和身体的累赘！购买食材的规则

储存食品应在规划好紧急情况下要用的东西之后再购买。买平时用的食材时也要考虑"万一停水停电"等突发情况后，再购买相应食材。

与此同时，对我自己而言还有一个非常重要的规定，那就是"购买的东西在自己可以管理的范围内"。如果只是为了以防万一，而不考虑收纳的话，那么就会有"再多买点儿"这种想法。这样的话，好不容易买回来的食品往往会因为过了保质期而不得不扔掉。

很多人一旦发现有快要到期的食物的话，即使不饿，也会想要都吃完。

没有明确的使用目的，在合理范围外储存的食材，只会成为"让家和自己变胖"的原因。所以，在购买每天所需的食材时，要先想好为什么要买这些，买多少才合理。

即使写了购物清单，也常常会在购物回来后发现"原来这个也没有了啊"的情况，给冰箱库存拍照就是为了防止这种情况的发生。另外，拍照还可以确认还有多少空余的空间，防止买太多东西而放不进去。

食材▶把已有的食材拍照之后再购买

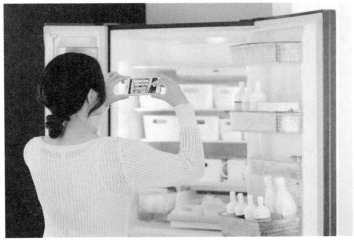

为存货拍照

冷藏室当然要拍，蔬菜储存室、冷冻室也要拍照。在下班后这样做一遍，大脑就会自动切换到主妇模式。

购物清单要写在纸上

不只是拍照，需要的东西要记在纸上。用笔记作为照片的辅助。

因为每隔 2~3 天就会去购物一次，所以每次买的东西比较少。常备菜并不适合我，所以我买的都是稍微加工一下就能吃的食材。

填补购物

考虑一下冰箱里的食材再加上什么就可以做料理，然后把不够的食材买回来。

放入冰箱前的处理

袋装的蔬菜，取出来一个一个放的话会更省空间。另外，像面和笋干这种要搭配着吃的，放在一起比较方便。

三天的晚饭准备

下面为大家介绍足够做三天晚饭的食材。因为孩子还小，所以现在的菜单是以孩子爱吃的食物为主。还有，现在是做爱吃的东西，并不考虑热量摄入量。

菜单

第1天

- 糖醋猪肉和蔬菜馅（切碎的猪肉、青椒、茄子、土豆、胡萝卜、洋葱）
- 厚煎鸡蛋
- 裙带菜味噌汤
- 沙拉（彩椒）
- 辣白菜（成人用）
- 米饭

> 这是孩子喜欢的套餐之一。这样搭配的话，青椒也能吃下去

第2天

- 和风汉堡肉（辅以白萝卜泥和青紫苏叶子）
- 煮南瓜
- 厚煎鸡蛋
- 豆腐味噌汤
- 沙拉（生菜、土豆、西红柿）
- 梅干（女儿和我用）
- 米饭

> 孩子也很喜欢汉堡肉。我那份也总会被他们吃掉

第3天

- 炸鸡块配葱酱
- 韭菜鸡蛋
- 鸡蛋汤
- 沙拉（彩椒）
- 纳豆（儿子和我用）
- 米饭

> 孩子们都会再添一份炸鸡块和鸡蛋汤，但是孩子不太爱吃沙拉

冰箱储物能反映出你的饮食习惯

8

冰箱里的食物越来越多，人往往就会变成"越来越胖"的状态。正因如此，我认为如果不能减少冰箱中的食品，不能让冰箱"瘦身"，就不能说是"减肥"。

我认为让冰箱"瘦身"最重要的在于，不是减少物品就能瘦身，而是尽管保持体重，也要锻炼肌肉、塑形。将冰箱里面的物品进行粗略分类，即便仅仅拿掉包装放在里面，也能达到"减肥"的目的，然后进行收纳，达到一目了然的效果。这种做法也能防止忘记即将过期的食品。

将冰箱里的食品分类整理与人体瘦身息息相关。为什么这么说呢？因为冰箱里面的食品能反映出你的饮食习惯，它是能映射出你的"饮食倾向"的镜子。冰箱里的食品堆积得越多，就越难改变自己的饮食习惯。因此，要经常留意冰箱的状态。

食材不直接放在冰箱里，而是放在抽屉收纳盒里，这样就能轻松管理食材。按照用途和种类，将食材粗略地进行分类，必需的食材一下子就能找到，非常便利。

冷藏室

拿掉乳酸菌饮料、豆腐、纳豆等食品的包装袋，放在收纳盒里，这样可以节省空间。取出收纳盒就能了解食品的数量。

整理冰箱 ▶ 可以让管理食材、料理变轻松

蔬菜储存室

将料理时需要的蔬菜放在空篮子里面，取用方便，冰箱开合也只需一次就可以完成。

冷冻室

将食品立起来进行收纳。不仅可以轻松取出，数量也能一目了然。

严格选择餐具，对料理和减肥都有帮助

我们家的餐具分为家人自己使用的餐具和客人使用的餐具两种。也许会有一些人认为"从众多餐具中选择与料理相匹配的，也很有乐趣"，但是我认为，选择无论做什么料理都能使用的餐具，更有乐趣。

我既不擅长做料理，也不喜欢餐具。但若是厨房都是我喜欢的东西，我会乐意待在厨房。对我而言，这些让我满意的餐具围绕在我身边，可以让我感受到做饭的乐趣。

另外，仅仅保留我喜欢的餐具可以让橱柜变得清爽整洁，而且，我最近注意到还有其他的好处，那就是"用喜欢的餐具，就不会盛过多食物"，哪怕只是少盛了一点食物，我也注意到自己已经瘦了。

将常用的餐具放在"视线到腰部的高度"的架子上收纳。眼睛能轻易看到，伸手就能取下来，这个高度正合适。常用的餐具集中放在一个地方，这样容易寻找，用完放回去的时候也不会弄错。

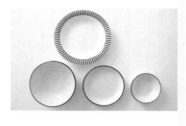

我喜欢的餐具

现在我最喜欢的是这种简单的餐具，可以很好地盛放料理。

第一层

第一层不容易取放，所以可以放置一些不常用的餐具，例如每年仅用几次的刨冰机。

第二层

客人用的餐具、茶盘、刀具都放在这里。最近，这类餐具比较多，所以想要重新考虑整理这片区域。

第三层

这里放常用的餐具。不要将过多的餐具重叠摆放，搁板上部空间预留一些空地，这样可以轻易取出放在后面的餐具。

第四层

碗等每天都会用到的餐具放在"コ"字形的置物架上，孩子们的餐具立起来摆放，孩子们便可以轻易取出了。

第一层

第二层

第三层

第四层

想要整洁的厨房，就必须整理厨具

10

厨房是每天必须进入的场所，因此，与餐具一样重要的厨房用具——厨具就需要特别留意。选择厨具时，使用功能很重要，但也有比这一点更重要的，那就是选择能让你有"想要用这个啊""看见这个心情就会变好"的感觉的厨具。

如果厨具好用，那么做饭的效率会提高。但是，无论厨具具有多么优秀的功能，若不能享受每天的做饭时间的话，即便厨具再好用，也不会有效率吧。我觉得做饭是很麻烦的一件事，所以，为了享受做饭的乐趣，最好选择让自己一见倾心的厨具。

另外，选择喜欢的厨具，不仅能提高做饭的效率，而且对减肥也很有帮助。因为有"家里有这件厨具就可以了，不需要买其他的"这种想法，所以，就不会买多余的东西。其结果是，原本容易堆积食物，让人容易变胖的厨房变得清爽整洁，里面收纳的都是自己喜欢的东西。

想在做饭的过程中最小限度地移动位置，就一定要在收纳上下功夫。常用的东西放在可以立刻拿到的地方，锅具放在煤气灶下面的大抽屉里，用的时候可以一目了然，不必寻找。

『不必寻找、不必移动』的地方

仅仅将这些放在外面

锅铲、汤勺、厨房用的剪刀等常用的厨具放在外面的吊架上。

煤气灶下面的抽屉分为三层。最上层放刀具；中间一层放做孩子们饭菜时用的刀具和常用的零碎厨具；最低的第三层放锅具之类的东西。旁边的抽屉的置物架上放调料。如果保持打开抽屉的状态的话，油可能会洒出来，很难清扫，所以最好关上抽屉。

整理家人相册，增加幸福感

11

我们家的家人相册是每一年的照片都整理成一本，从女儿出生到现在已经有9本相册了。家人的相册放在家人使用频率最高的餐厅中触手可及的地方。

我会在情绪有些低落的时候，或者想到生产时的痛苦的时候，去看相册。怀孕、生产、家人一起去游乐场、孩子幼儿园入学，我看到纪录这些场景的照片时，脑海中就会浮现出那时候家人的笑脸。浏览这些照片时，我会有"要加油啊"的心情。这些照片让我充满幸福感。

如果心情不好的话，家的"瘦身"也好，自己的"瘦身"也好，我都没办法完成。我认为，"即使心灵不'瘦身'，也要充满干劲儿"的状态很重要。而且，不要去做"仅仅让心灵'瘦身'和剥夺家人笑容"的事情。

对我来说，那些相册可以让我获得幸福感。那些让"家、身体、心灵"都"瘦身"的事情，也就是剥夺家人笑容的瘦身，不要尝试。

相册

放在任何时候都能看见的地方

每年一本家族相册，现在已经有9本相册了。每年的相册都用了不同颜色的封面。

相册中的照片是从一年内拍摄的照片中精选出来的，然后利用电脑软件制作成相册。另外，孩子平时的涂鸦作品，也是精选出来几张，然后拍成照片放进相册里。

在餐厅的搁板上为相册准备"特等座"

做好的相册统一放在家人聚集在一起的餐厅搁板上，取出的时候会很方便。

第 3 章

家也好，身体也好，瘦身不反弹！每天的瘦身习惯

整理房间的时候，也是在整理心灵。接下来，我将介绍一些让家和身体都能瘦身的方法。

改变所有的不良行为，养成瘦身习惯

1

学完收纳整理方法之后，我获得了"瘦身顾问"的资格。我在学习收纳整理时，思考过"收纳整理的理论是否适用于减肥呢？"我想找到这个问题的答案，于是考取了"瘦身顾问"的资格。

虽然，取得"瘦身顾问"的资格要学的内容和收纳整理完全不一样，但是学完之后，我感觉"只要掌握了收纳知识，即使没有瘦身相关的知识，也可以改变体重"。

我学完这两种知识之后，感觉两者之间共通的地方是"家也好，身体也好，都不是随便就胖了的"。不是有什么外界原因导致家和身体都"胖了"，而是自己的行为让家和身体"长胖"了。这是我自己的切身体会。

如果自己的行为是导致家和身体"变胖"的原因之一，那么，通过自己的行为也可以控制家和身体"变胖"吧。我认为，无论多么细小的行为，日积月累下来，一定能让家和身体"变瘦"。

冰箱

要点

眼睛可以看见的污渍立刻擦掉，为了取用方便，将抹布放在固定位置

餐桌

一边收纳一边瘦身！ 我的 24 小时

9时	8时	7时	6时

↓ 擦洗碗碟
打扫厨房
擦餐桌
整理厨房的料理台
擦冰箱
擦餐具置物架
早晨的清扫工作

↓ 晾衣服

↓ 晾衣服、打扮、送儿子去学校

↓ 早餐，送大女儿去学校

↓ 一边刷牙一边打扫洗面台

↓ 起床、刷牙、洗脸，让洗衣机工作

● 我感觉是在做运动

将扫除工具放在可以迅速找到的地方

要点

15时　14时　　12时　　10时

仅仅打扫眼睛能看见的污垢

● 用吸尘器打扫台阶

● 打扫厕所

● 用吸尘器打扫地板

在家里或去咖啡厅工作，或者出门

○ 外出的时候走楼梯

午餐（不选套餐，只单点自己能吃完的分量）

购物

去幼儿园接儿子，等女儿回来，孩子们的点心时间

● 清洁百叶窗

● 打扫电视机柜

仅仅打扫眼睛能看见的污垢

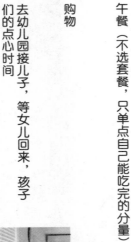

要点

将扫除工具放在可以迅速找到的地方

选哪个呢?

要点

注意到镜子不干净，立刻擦拭

23时	21时	20时	19时	18时	16时

↓ 睡觉

● 让客厅和餐厅保持没有杂物的整洁状态

↓ 晚上的清扫，哄孩子入睡，工作

● 刷牙的时候顺便打扫洗面池

↓ 洗澡、刷牙

● 洗澡的时候顺便打扫浴室

● 擦餐桌

● 擦厨房的料理台

● 清洗碗碟

↓ 晚饭后的整理工作

↓ 做晚饭

↓ 工作

2

每天的沐浴时间是家和身体的「减肥期」

我感觉洗澡的时候，家和身体都在"减肥"。洗澡的时候，是在消耗热量，但在我们家，洗澡的时间也是清扫浴室的时间。在沐浴的同时，可以轻松打扫浴室。

这个时间段打扫的对象是浴缸。原本我没有想到让沐浴时间变成打扫时间，现在这么做的原因是"浴室的水痕很难干掉"。但是，沐浴的时候，我经常一边和孩子们玩耍一边打扫浴室，这样的情况多了，自然而然地养成了沐浴时打扫浴室的习惯。

打扫的时候，即便出汗、沾上污垢也没关系，因为正在沐浴，所以可以轻易洗干净。我们家的浴室只放着洗澡时必备的物品，所以原本也是比较整洁的状态。这样的话，我们家的浴室本身就很容易打扫，我自己也能感到"让自己也变得整洁"的乐趣。每天打扫浴室的时间是和孩子们在一起共处的时间，因此想让这份乐趣持续下去。

这也是练习

因为想要保持干净，所以浴室的地板什么也不放。这样一来，打扫也很轻松。这里不放孩子们的玩具，所以对孩子来说，打扫也是玩耍的一部分。沐浴露之类的放在白色的容器里，会显得干净整洁。只要看看颜色就能分清楚里面盛放的是沐浴露还是洗发乳。

准备好可以立刻开始清扫的工具

浴室的墙壁上挂上刷子、海绵、橡皮刷这三种工具，打扫的时候可以立刻找到，迅速开始清扫工作。使用白色的打扫工具，可以让浴室看起来很整洁。

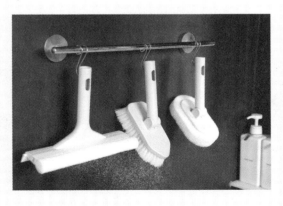

3

将洗面台整理干净，心情大好

洗面台是一家人一天生活开始的地方。因此，要把这里整理成给人"好啦！今天也要加油哦！"这种想法的空间。

对我来说，洗面台附近也是与自己面对面的场所。皮肤护理时，可以在这里确认"最近皮肤很好啊""最近有点疲劳啊"等皮肤状态。但是洗面台附近空间狭小，而且堆着很多洗漱、护理用品，稍稍留神，就会发现"洗面台堆的东西太多了"。如果"想让洗面台变干净"的热情减少，就会发现，自己也不知不觉变胖了。洗面台上放置的护肤品、脱毛膏、护发素、洗衣液等物品都是为了让自己变美、变健康的物品。整理洗面台，也可以维持"想让自己变漂亮"的心情。

丈夫的东西放在收纳架下层

镜子后面的收纳架是为了收纳所有洗漱用品准备的，在下端的那一层放着丈夫的东西，明确放置地点，取用都很方便。上层的右边放置我的化妆品，从发带开始摆放。

洗面台放着零零碎碎的东西，所以空间狭小，收纳空间完全不够。在墙壁上安装家具，可以增加收纳空间，洗发液等物品要放在孩子够不到的地方。

停止熬夜，充足的睡眠有助于美容和集中注意力

④

睡眠时可以使皮肤得到充分休息，我还听说，这段时间也能促进新陈代谢。因此，"美容觉"是不可或缺的。以前，我经常工作到深夜 2 点。一边工作一边照顾孩子是很困难的，因此，我只能等到孩子们睡着后，才能集中精力工作。然而，因为睡眠时间减少，皮肤越来越差，注意力也越来越难以集中。如今，在孩子们去幼儿园的时候，我集中精力工作，这样晚上 11 点就能睡觉了。我是很难入睡的类型，但如果将卧室打造成轻松愉快的空间，我的睡眠质量就会大大提高了。只要在被褥、照明、枕头等方面稍稍下功夫，就能明显改善睡眠质量。

将卧室打造成轻松愉快的空间

要点①
放置可移动的床头柜，床周围会变得清爽干净

纸巾、台灯、绘本、孩子们的玩具等都会堆在卧室，这些东西统一放在可移动的床头柜中，卧室就会变得清爽干净。

要点②
选择适合自己的枕头

小床是丈夫的，大床是我和孩子们的。虽然枕套齐全，但枕头本身更适合我自己。

要点③
将被褥的颜色统一成能令人冷静的颜色

被褥是深蓝色，窗帘是灰色，我选择的都是能让人冷静的颜色，可以营造令人放松的空间。

要点④
选择可以调节亮度的照明

卧室的照明亮度是可以调节的，孩子们睡觉时调昏暗，睡着后调亮，非常便利。

5

保持兴趣，制造调整心情的时光

以前，我的爱好是"整理收纳"，但是，工作和兴趣不能分离，让我感觉自己一直处于工作模式，心灵和大脑都得不到休息。注意到这一点之后，感觉身体濒临崩溃状态。每天持续的头痛让我烦恼不已，去医院时，医生建议："心灵和身体都需要休息，做一些感兴趣的事情或许会好一点儿。"

身体不健康的话，自己的生活也会乱作一团。工作不能集中精力，心情变得无比烦躁，这时，房屋也开始变得凌乱不堪。当然，自己的饮食生活也会混乱，会有通过吃来发泄压力的情况。为了从这个困境中走出来，我需要培养整理收纳之外的兴趣爱好。

"宣泄压力"对家的"瘦身"和身体的瘦身都非常有效。现在，我的兴趣是钓鱼，身处自然之中，什么也不想，我的身心会完全放松。不积攒压力，这件事对收纳和瘦身都具有很大影响，因此，无论多忙，都要有调整心灵的时间，这很重要。

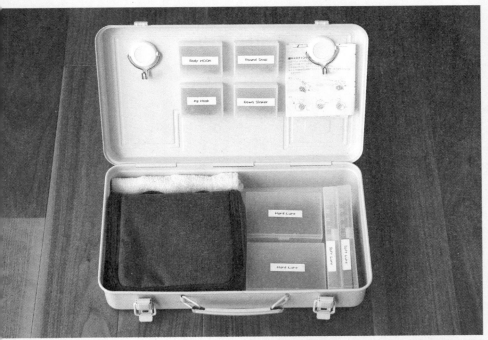

钓鱼只需这个盒子

我将钓鱼的工具都收纳到这个工具箱中。
不仅使用方便，整理收纳也是乐趣之一。
但是，规则是钓鱼工具只能放在这个工具
箱中。

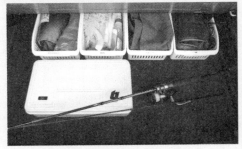

钓鱼工具大多会对孩子造成危险，因此不
可以带回家中。我将它们放在车上的固定
位置。想要去钓鱼的时候，可以立刻找到
工具出门，非常方便。

第一次去钓鱼的时候，
我完全忘记了我不喜欢
摸鱼，非常开心。最近
很少去钓鱼，但是钓不
钓鱼并不重要，去那个
地方我就觉得很开心，
感觉身心放松。

6

如果整理好背包，脚步也会变得轻盈

外出时，虽然只想拿必需品，但不知不觉拿的物品越来越多。休息日外出时，要拿孩子们的物品、工作用的电脑、资料等，行李相当多。

因此我使用的是能承重，折边很宽，无论是什么都能装得下的包。到目前为止，很多人问过我关于收纳的问题，其共同点是，烦恼于房屋整理的人同样烦恼于"背包里面总是乱七八糟的"。家是一个大空间，背包是一个小空间，无论哪一个空间都要干净整洁，才能让生活更舒适。否则，外出时会花费很多时间，自己也会觉得压力很大。正因如此，我才将背包收拾得一目了然。

使用喜欢的包包，并与衣服搭配，这是充满乐趣的事情，同时整理包包，就可以立刻出门，脚步自然也会变得轻快起来。

折边宽阔的包包易于整理

我喜欢折边宽阔，便于储存的包包。从零碎的物品到大型物品顺序收纳，不要让中间散乱，以便寻找物品时能快速取出，非常方便。

包包也能收纳家中的物品

使用打开的包包时，将其用于收纳家中的物品，也非常方便。无论是什么物品，都可以与自己的生活习惯相契合，每天的生活将会充满乐趣。

83

改变物品的收纳方式

7

会造成家中"肥胖"的物品要尽可能拿出房间。我将邮局包裹和快递按照"不需要进屋，在玄关就能处理的物品"和"拿进屋里，之后取出来的物品"分类。

厨房对我而言，是"拿进屋里，之后取出来的物品"的集中放置场所。调料的话，我基本都会重新改变它们的收纳方式。我很懒散，但无论多麻烦也要坚持重新收纳调料的原因是，将调料放在形状各异的玻璃瓶子、塑料瓶中，如果一同收纳在固定地点的话，会显得非常杂乱。厨房是基本上每天都会用到的地方，因为空间有限，所以不想浪费每一个地方。将统一的瓶瓶罐罐放入其中，不仅能改善收纳物品的方式，连收纳空间也能得到充分利用。因此，对我来说，放在形状各异的瓶罐中的调料，属于"拿进屋里，之后取出来的物品"。即使改变收纳容器很麻烦，但好处良多，我决定以后一直使用这个方法。

用记号笔和便签在容器上做标记

厨房煤气灶下面的抽屉放着记号笔和便签，在更换容器之后，首先在便签上写好食品保质期，然后贴在容器底部。

重新收纳

调料瓶的形状各种各样，如果全部收纳在同一个空间，就会浪费一些空间。根据调料的容量和收纳空间的尺寸选择统一的瓶子，这样可以节省空间。

改善收纳方式的示例

在家中，将物品从包装箱内取出可以节省空间。DVD、创口贴、退烧贴、纱布、胶带等拆掉包装的话，可以节省空间。

在玄关拆快递

当收到快递时，就在玄关拆掉快递包装，将物品拿回屋内。包装箱是非常占用空间的物品，因此在玄关拆掉，到了收垃圾的日子，将其拿出门外丢掉。不需要的物品不带进屋内，在玄关处理。

不要依赖减肥物品

没有不用收纳工具的家庭吗？

8

我高中的时候开始意识到要减肥，尝试了很多减肥方法，吃苹果、香蕉，每天喝 2L 水，拒绝碳水化合物。但无论哪个方法都没有办法长期坚持，结果减肥多以失败告终。另外，减肥时，我经受了巨大的失败，那就是买了很多宣称"这个可以瘦"的减肥物品。买回了平衡球和锻炼腹部的工具等，使用它们的热情却只持续了一周左右。现在想来，这些物品也是让身体和家"变胖"的原因。如果不使用的话，物品本身就会占用收纳空间。尽管购买了减肥物品，但是无法持之以恒，我会变得很烦躁，反而起到反作用，真是"连锁的失败"。收纳也是如此，买了很多方便的打扫工具，结果打扫时用处颇微，想要收起来，却由于买了尺寸不匹配的收纳用品，结果只能堆放在房间里。这与我陷入"减肥的连锁失败"是一样的情形。

角落架

玄关地毯

马桶垫

厨房放置角落架很难保持清洁，因此不使用。垃圾等都放在塑料袋，待出门的时候带走。

在玄关放置地毯，会让家的屋顶看上去比较低矮，因此不放置地毯。

我觉得不放马桶垫反而能保持卫生间干净，如果什么都没有的话，污垢就会一目了然，看到之后就立刻能擦干净了。

容易让家"变胖"的物品清单

● 超市的购物袋

● 纸袋

● 空箱子

● 免费试用品

● 洗漱用品套装

● 不用的喷雾器

● 幼儿园和学校的文件

● 不能穿的衣服

● 不用的电器

● 不用的餐具

收纳也好，减肥也好，都要考虑"真的有必要吗？""这是适合自己的物品吗？"这一点很重要。以我家为例，我家没有厨房那种方便的角落架。这是因为，我觉得保持角落架表面的清洁很费工夫。我们家用塑料袋代替角落架，这样省时省力。如此一来，潜伏在家中的不适合自己的，让家变得"肥胖"的物品被找到丢掉，我也养成了"瘦身习惯"。

9

贴标签标注『要』与『不要』的物品

贴标签效果显著

我们家所有的物品都进行了标记。我认为做标记是让自己明确什么需要收纳，用完可以将物品放回正确的地方，能感受到收纳乐趣的事情。我们家根据公共空间和私秘空间的不同，有很多标注的方法。贴标签不仅有助于收纳整理和保持屋内整洁，还能让我感受到收纳的乐趣。

我注意到贴标签的方法能让自己清楚哪些是不需要的物品。这是怎么回事呢？即便不需要特意安排放置场所，不贴标签，我也可以把握物品的优先使用顺序，分清楚哪些是不需要的物品。

贴标签对身体的减肥也很有效。为冰箱里分类放置食材的容器和放置调料的容器贴上标签，就能知道食材和调料的使用量，这样便于管理食材和调料的存货量，可以防止买得太多或做得太多。

贴标签的 3 个优点

② 可以知道物品的放置场所

家里的物品放在固定的使用地点，不仅节省时间，而且还很方便。如果标记清楚"这是哪里的物品"，用完之后自然而然就会放回原位。

③ 看见喜欢的物品会情绪高涨

用自己喜欢的词语或字母标记喜欢的物品，会觉得物品本身都变得时尚了，只是看见就觉得想要使用。

① 可以知道收纳的物品

收纳的物品统一放置在一起，其缺点是很难看见中间部分的物品，贴标签的话，就能一目了然，更便于"物归原位"。

儿童房贴上标签▶会达到令人惊讶的收纳效果

女儿的房间

衣橱收纳箱的标签上除了文字，还有女儿自己画的插画。如果打开抽屉，女儿就会按照插图将物品放入相应位置。

玩具放在半透明的收纳箱中，贴上女儿自己写的便利贴。根据喜好制作的个性化标签，可以提高孩子的收纳意识。

桌子的抽屉。一丝不苟的女儿非常擅长收纳。无论什么时候打开抽屉，里面都是这样整洁的状态。

展示要点

为了让孩子掌握收纳整理技能，有必要告诉他们"确定物品放置地点，将物品放回那里，这就是收纳"。因此，为孩子们设计收纳计划是很重要的。

女儿虽然还是小学生，但已经对室内设计产生了兴趣。自己花功夫设计了"咖啡馆风"的角落。

儿子的房间

使用透明的玩具收纳箱，用照片做标记。我和儿子一起贴上标签，玩具用完之后就能放回原位。

这是放置幼儿园用品的抽屉。用拼音写上标签，抽屉是半透明的，无论往里面放什么都能一目了然。

衣橱的收纳箱上使用剪下来的图画作为标签，这也是和儿子商量之后，一起制作完成的。

展示要点

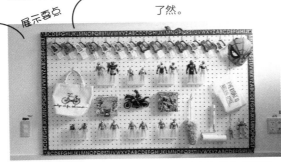

这是和儿子一起做的展示角，儿子对这个角落非常满意，也很享受收纳的乐趣。

10

不因为便宜而购买，而要选择真正需要的物品

我虽然是"万年减肥"的类型，但非常喜欢吃。特别是冰淇淋、巧克力等甜食，我一直都很喜欢，这一点至今没有改变。在瘦不下去，立志减肥的时候，我曾经努力克制，不让自己吃这些喜欢的食物。结果造成了很大的精神压力。

我生完二胎之后，以"整理收纳减肥"为旗号，结合整理收纳的知识开始减肥。这种方法非常简单，即"真正感觉饿的时候再吃""想吃什么就吃什么"。我想吃喜欢的冰淇淋和巧克力时，就吃它们。但是，生完孩子三个月后，因为怀孕而长胖的身材竟然瘦了回去。我对这种简单且不限制饮食也能瘦下来的方法感到惊讶。这时，我意识到，收纳和减肥很相似，这个方法也能应用其中。生产后减肥成功的原因是，总是问自己"这是必要的吗？""现在真的很饿吗？"如果是不需要的食物我就不会放进嘴里。当然，真的

即使调料很便宜，也不要大量购买，而要购买小型包装的。

很饿想吃东西的时候，也会吃甜食。这样也就没有"忍耐的压力"，我觉得这就是秘诀所在。这对收纳也非常有效。

在购买物品前，先问自己"真的需要吗？"如果真的需要，才购买。我认为这一点很重要。无论这个物品有多便宜，都要考虑"真的需要那么多吗？"养成"瘦身习惯"。我认识到整理收纳能瘦身之后，一直坚持的是，去餐厅吃饭时不会因为便宜选择套餐。肚子并不是很饿，而为了便宜选择套餐，我觉得自己会长胖。我并不是说，不要点套餐，而是说要根据自身情况决定。这变成了我的一个"减肥习惯"。我在家庭"瘦身"时也用了这个方法。无论何时，我都会先问自己"这个东西真的需要吗？""这是我真正喜欢的东西吗？"然后才购买，这样可以防止屋内过于拥挤。

11

收纳也好，减肥也好，都要动员周围人参与

一个人承担，压力非常大

大家在减肥的时候，会告诉家人和朋友吗？我以前减肥的时候，基本不会告诉他们。特别是在十几岁和二十几岁的时候，我不想让任何人知道我减肥的事情。其理由是，我觉得减肥并不是一件很光彩的事情。我觉得，没有明确的目标就减肥，这是一件丢脸的事情。

想起当时的心情，不告诉周围的人减肥的事情，本意是为了不把他们卷入其中，但结果却完全相反，周围的人都被卷进这件事了。

家人一起去餐厅吃饭时，为了不长胖，我只点了小菜，父母当然会担心我身体不适，劝我"多吃一点"。但我若回答"这些就够了"的话，反而会引起争吵。事实上，收纳也是如此。

孩子的玩具越来越多，特别是别人赠送的玩具。

我开始进行收纳工作之后，听到很多关于收纳的烦恼，比如"别人送的东西太多了，邻居、朋友等送来了很多衣服，家里都塞满了""父母给孩子买了很多玩具，实在太多了"等。阻止别人送礼是很伤人的，但是可以告诉他们"我们现在的状况是……"让对方明白"现在我家里已经有很多了，并不急需这些东西，您的好意我心领了"，这样虽然也是拒绝，但会收到完全不同的结果。对方会觉得高兴。与其控制赠送量，不如站在对方角度着想。因此，告诉对方你要减肥或者整理，并不是一件丢脸的事情，而是要让对方成为你减肥之路上的伙伴。

一个人承担会造成很大的压力，这也会成为你的阻碍。整理也好，减肥也好，告诉周围的人，可以增加支持者，会取得意想不到的效果。

如果注意到了，就采取措施

12

家也好，身体也好，绝对不会出现"一下子就变胖"的情况。因为是一点一点"变胖"，所以很难注意到。但是，这种"一点一点变胖"是有前兆的，我们也许自己能意识到。

我会定期拍摄照片，全身照片成为显示体重变化的信号之一。照片是能直观反映体重变化的，如果觉得"脸有点胖了"，我就会注意饮食，增加睡眠时间，通过这些措施改变状况。

家庭整理的话，桌子抽屉等用完关不上，就是家里变得"臃肿"的信号之一。因此，必须有一天两次的"复位时间"，采取相应措施。当家中增加了没有固定位置的物品，这便是"累赘"要大幅增加的危险信号。物品增加时，最先做的事情是，立刻将没有固定位置的物品放在固定位置上。

日常生活中，掌握"长胖的信号"，可以让身体和家变得舒畅。

以简单的方式思考事物

13

无论是整理收纳还是瘦身，在如今这个时代可以轻松获得很多相关信息。虽然这是一种幸运，但是也会造成"不知道应该选择哪一个""哪一个信息是真实的"等烦恼，以及带来"这个人明明成功了……""我为什么总是失败"等消极想法。我在生完第一个孩子之后，也在网上搜索了很多产后减肥的信息，也因为信息过多而头脑混乱，也在面对成功减肥的人面前有过"我总是失败"这样的悲观情绪。

但是学会了整理收纳，我觉得在整理和瘦身时最重要，且不得不做的事情是，无论何时要以自己为中心，以简单的方式思考事物。并不是"因为那个人这样做了"，而是"我想怎么做"。这对整理和瘦身都很重要。我自己想不出答案的时候，注意到我自己身上其实埋藏着很多信息。正因如此，无论是整理收纳还是减肥，我都与自己的心灵和身体相契合，以简单的方式思考。

第 4 章

家庭采访报告

收纳整理房间，身体也能变瘦。

我相信有这种经历的人不止我一个。

在这种想法的驱使下，我对这样的家庭进行了拜访。

收纳 **3** 个月

-2.9 kg

开始收纳之后，产后堆积的脂肪很快减少了

并没有特意增加用于收纳的家具，但与之前相比，屋子变得干净清爽了。打扫房间也变得轻松了。

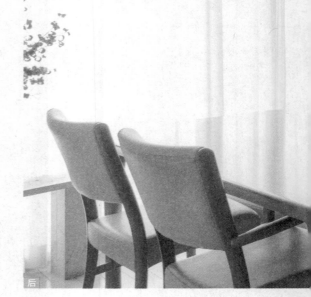

后

前

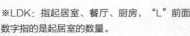

数据

本部明子（38 岁）

体重：46.1kg

身高：154cm

家庭成员：丈夫、长子（11 岁）、次子（7 岁）、幼子（3 岁）

住宅格局：3LDK※、储藏室等，共 78m²

※LDK：指起居室、餐厅、厨房，"L"前面的数字指的是起居室的数量。

收纳瘦身的数据记录

收纳 1 个月后瘦了 1kg，她并没有节食或者做健身运动，体重便顺利减轻。

体重
(kg)

49.0 — **49.0**kg
整理长子的书桌周围

48.0 — **−1.0**kg
整理厨房
整理客厅的天花板

47.0 — **−0.5**kg
整理储藏室的衣橱
整理西式房间的天花板
装饰客厅

46.0 — **−1.4**kg

5月　　　　6月　　　　7月　　　　8月

对五人家庭而言，3LDK的房子太小了，她也考虑过搬家

家中整理干净，孩子们也不再吵架了

本部女士说："家里散乱的时候，家人的心情也很烦躁，稍有摩擦，孩子们就会吵架。"房屋干净了，心情也变得愉快了。

本部女士（以下简称本）： 孩子刚出生的时候，不仅是我的体重增加了，家里的物品也增多了。当时想搬到更大一点的房子里。

梶谷女士（以下简称梶）： 物品泛滥，会让生活变得不自在。

102

电视柜的收纳空间有限

筛选放置此处的物品，决定放置数量，自制用于收纳的电视柜。因为放置物品的空间有限，所以自然而然就会只将真正喜欢的物品放在这里。

丢掉商品包装，节省空间

并不是要少买物品，而是要在减少占用空间上下功夫。梶谷女士说："丢掉包装箱，只保留物品本身，就能节省空间。使用的时候也能轻易取出，非常方便。"

此处放置在客厅玩的玩具

这两层抽屉放置孩子们的书和玩具，将玩具大致分类，贴上标签。确保将其放在客厅，不要拿到外面。

本：和朋友们一起玩的时候，将外出需要的东西全部装到纸袋里面，在不知不觉中纸袋的数量越来越多。

梶：不要突然一下子就进行大规模收纳，正确的做法是从力所能及的事情开始做起。瘦身也好，收纳也好，想要一口气达成目标，只会遭遇挫折。要从"出门用的物品统一放在纸袋里""中午不吃零食"等方面循序渐进，不要引起反作用。下面这些和您家格局类似的家庭的照片，收纳之前和收纳之后对比，有着明显的差异。这与减肥也是共通的。

任其荒废的储藏室成了收纳妻子工作物品的场所

本部女士拥有幼儿园和小学就职的教师资格证，现在是幼儿园老师。她将工作相关的物品收纳在储藏室，很容易就能知道什么地方放置的是什么物品，工作也变得顺利了。

储藏室

让衣橱恢复其原本的角色

整理衣橱，将挂衣架的空间和抽屉分开，手不容易够到的顶部放置一些不常用的东西，衣橱就会便于使用。

前

后

衣橱

整理可以促进与孩子们的交流

本：想要整理家中的契机是打造长子的学习空间。长子已经11岁了，仍然在餐桌上写作业，而且没有固定放置学习用品的地方，导致他经常丢三落四，所以，我从长子的书桌周围开始整理。

梶：迫切需要整理的时候，反而效果显著。

喜欢的展示空间大变样!

如果整理放置相框的搁板,用自己喜欢的物品装饰这里,这个空间就会大变样。整理也好,减肥也好,如果能成功,就能感受到家和自己华丽蜕变的喜悦。

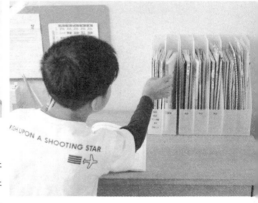

在文件上贴标签,就不会忘记

教科书和笔记本等按照科目分别放在文件盒里,立刻就能表明必备资料,因为文件盒上贴着标签,用完也不会乱放。书桌整齐,可以增加学习欲望。

本: 正是如此。整理之后,不仅不丢东西了,写作业的时候也能集中精力了。

梶: 妈妈为了孩子有一个舒适的学习环境而整理家务,孩子也会充满干劲。

本: 我每天都会问孩子"没有忘记的东西吧"。为了不忘记带什么,我和儿子一起挑选物品的放置地点,这样一来,我和长子的交流机会也增加了。我非常高兴。

厨房

仅仅减少物品和减轻体重，并没有达成目标

梶：我是"万年减肥"的类型，所以只考虑体重的变化。但是，这并不是正确的减肥方式。减肥最重要的是将脂肪变成肌肉。整理收纳也是如此。

本：整理也是将"脂肪"转化成"肌肉"？这是什么意思呢？

梶：例如，刀具就像"脂肪"一样，乱七八糟

让心中的"脂肪"变成生活的点缀

本部女士说："房间零乱时，就会觉得烦躁不已，完全没有'将物品作为装饰'的心情。"处理不需要的物品时，不仅要将其当作物品，而且要当作"装饰心灵"，选一个喜欢的角落打造这样的空间。

收纳也好，减肥也好，都有适合自己的方法

厨房的横面收纳空间。本部女士问："包包可以放在这里吗？"梶谷女士答道："收纳和减肥不是考试，选择适合自己的方式就可以了。"

增加收纳用品，使收纳变轻松

不要将刀具等其他厨房用品乱七八糟地堆在抽屉里，而要将它们放置在固定位置。梶谷女士说："灵活运用收纳空间，虽然没有减少物品，但却达到了收纳的效果，这一点很棒。"

地堆满屋子，经过整理就变成了"肌肉"。乱七八糟的状态等同于脂肪堆积，用于收纳的物品等同于锻炼，完美的收纳等同于将脂肪变成肌肉。增加用于收纳的物品，虽然家里的物品增加了，但起到了收纳作用，因此仅仅减少物品并不能称为收纳。同样，脂肪变成肌肉，肌肉比脂肪密度大，体重虽有所增加，但体形变紧致了。

本：也就是说，物品减少和体重减轻并不是整理和减肥的目标。

以日式料理为主食

本部女士说："整理瘦身之前，我经常吃热量很高的食物。"在"整理家→整理心灵→想要体内排毒"的循环中，饮食是非常重要的。现在饮食以健康为主。

好好吃哦

收纳前吃油腻的食物

家人爱吃的蒸蔬菜

在炸鸡和炸猪排等"肉＋油"的食谱中，增加大量蔬菜。在锅里加一些水，将蔬菜放入其中蒸煮。

做饭只加盐

调理方法简单，食物的口感也会简单。不要使用有很多油的酱汁，而是使用盐调味。

铁壶有助于补充铁元素

水用铁壶加热。本部女士说："用铁壶煮水时，水壶里的水口感就会变得温和，好喝。"

4 个月前，体重是 49kg，现在轻了 3kg。那时，衣服就像身体的套子，吃着甜食，家里和心情都乱糟糟的。

看见啦

不合身的衣服都丢掉

本部女士说："以前总穿针织品的紧身上衣和束腰的衣服。这种衣服现在已经穿不上了。"因此，她将其作为不要的衣服进行处理。

房间变宽阔，一边跳芭蕾一边打扫？

本部女士在小学时学过芭蕾。整理之后，房间变得宽敞，身体也变得轻盈，最近，她一边跳芭蕾一边打扫。身体动起来，心情也变得愉快，身材也变得苗条。

前 ▶ 后

收纳 **5** 个月

-4.0 kg

家中变得清爽，
压力也消失了

后

数据

长谷由美子（46 岁）

体重：比最胖的时候轻了 4kg

身高：163cm

家庭成员：长子（19 岁）

住宅格局：2LDK，共 75m²

前

餐厅

将立着的搁板横向放倒，降低其高度，消除高大家具带来的压迫感，打造具有开放感的壁面收纳空间。

收纳瘦身的数据记录

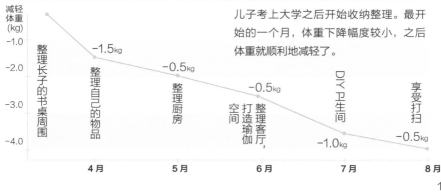

儿子考上大学之后开始收纳整理。最开始的一个月，体重下降幅度较小，之后体重就顺利地减轻了。

减轻体重（kg）

- 整理长子的书桌周围
- −1.5kg　整理自己的物品
- −0.5kg　整理厨房
- −0.5kg　整理客厅，打造瑜伽空间
- DIY卫生间　−1.0kg
- 享受打扫　−0.5kg

−1.0　−2.0　−3.0　−4.0

4月　5月　6月　7月　8月

因为太忙而不整理，家零乱的
同时体重也在增加

长谷女士（以下简称长）：我从事室内装潢的工作，也有"整理收纳指导士"的从业资格证，这些虽然对工作有所帮助，但是因为太忙，自己家反而没时间整理了。繁忙的工作，加上家中零乱，让心情很难冷静，压力巨大，体重也增加了。

梶：烦躁的时候就想吃甜食，吃零食的次数也越来越多。

餐桌周围干净的话，可以在餐厅用平衡球锻炼

整理之后就会有多余的空间，就可以在餐桌旁一边用电脑工作一边使用平衡球锻炼。收纳的成果显著。

为了想做瑜伽时立刻就能使用，将瑜伽垫取出来收纳

收拾好客厅，确保了做瑜伽时的活动空间，因为之前取出瑜伽垫很麻烦，所以将其从套子里取出来，卷成圆形放在收纳桶内。

长：恰逢儿子准备大学入学考试，加上看清了自己的未来，去年年底我辞职了。作为母亲，我想支持拼尽全力备考的儿子的心情越来越强烈。3月，儿子考上大学，我开始进行收纳整理。

梶：心情与生活是息息相关的。

长：是的，首先我从整理儿子的备考物品开始。

展示角不要过分装饰

梶谷女士说："整理之后，就有了展示角的空间，什么地方都想进行装饰，但不要过度装饰。"装饰也好，饮食也好，最重要的是"八分饱"。

与沙发相比，椅子更舒适

体重减轻，行动变得灵活敏捷，以前坐在沙发上，虽然也能站起来，但坐在椅子上，站起来的速度会更快，更方便。这样身体就能逐渐变得灵敏。

整理房屋，整理生活

长：房间零乱的时候，令人烦躁不堪的事情也很多。如果将家中整理干净，心情自然而然也变得愉快了。

梶：我经常躺在沙发上，一边看电视一边吃零食，但是开始用收纳的方式减肥之后，停止了"边做事边吃"的行为。收纳整理的基本是去掉不必需的东西，只保留真正需要的东西。减肥也是如此，一边做事一边吃东西，

吃了很多不太喜欢的食物，肚子也不觉得饿，不需要的食物却都堆积在腹中了。不需要的物品堆积在家中，家渐渐变成了一个"圆球"。身体也是如此，如果注意到乱吃会变成"圆球"，就不会一边做事一边吃东西了，而只会吃自己喜欢的东西。

长：整理也好，减肥也好，选择必需品和真正喜欢的物品是非常重要的。

115

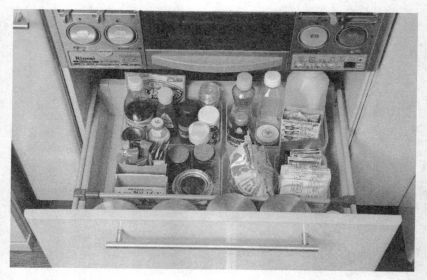

如果使用喜欢的餐具，一定不会盛满

收拾餐具柜的时候，只保留喜欢的餐具，为了让餐具保持美感，就会少盛一些食物，这样可以防止吃得太多。

整理厨房之后，我变成了"在家吃饭一族"

整理厨房之后，就能立刻知道什么地方放着什么东西，做饭也变得顺利了。感受到做饭的乐趣，就减少了外出去餐厅的次数。在家吃饭吃得健康，体重也减轻了，人也变美了。

常备低热量的小吃

小吃在肚子饿的时候能发挥作用。海带、小杂鱼、蔬菜干等低热量的小吃对身体很有益处。咀嚼鱿鱼干也能增加饱腹感。

关注食品保质期，健康减肥

关注食材的存量和保质期。家中的食物如果有剩余，可能是由于吃得太多，以致买得多。不要买太多东西，这对食材管理和体重管理都有好处。

117

只用适合自己的化妆品

我整理了很多化妆品。只留下适合自己的口红和粉底液，其他的化妆品都丢掉了。将化妆品分类放进抽屉，数量上不准备再增加了。

储藏室

卫生间

打造令人心情舒畅的卫生间

在公寓住了 20 年，对卫生间进行了改造。给墙壁涂色，更换了地板。梶谷女士说："丢掉卫生间里不需要的物品，打造心情愉快的空间，这一点很重要。"

毛巾存放

毛巾收纳也要"苗条"

儿子的朋友经常会来家里做客并借住。即使每天都清洗，有这些毛巾轮流使用也足够了。

决定最喜欢的白衬衫的穿法

戴上喜欢的饰品，与白衬衫搭配

长谷女士说："这是很重要的朋友送给我的饰品。但是以前手腕太粗不能戴，且找不到与其纤细设计搭配的衣服。"身材变得苗条之后，可以选择很多首饰搭配了。

家里很乱，身体也很胖。因为工作很忙，饮食也很不规律。开始整理之后，身体也发生了变化。

如果能减少 1/3 的衣服，体重也就减轻了

不是选择"穿起来舒服的衣服"，而是选择"从今以后想要穿的衣服"，这样可以减少 1/3 的衣服。梶谷女士说："想把喜欢的衣服穿得漂亮，是减肥的动力。"

减肥也好，收纳也好，动力非常重要

收纳和减肥都不是一蹴而就的。为了克服挫折，要确保自己有动力，这是关键。长谷女士说："我的动力是，想要将房子打造成能与儿子快乐生活的空间，成为令儿子骄傲的母亲。"

收纳 **5** 个月

-6.0kg

整理客厅，这里变得宽敞，家人在此相聚的时光也增加了。沙发上也变得清爽干净了。

收纳也好，减肥也好，成功的关键是以快乐的心情进行

处理掉不需要的物品，身体也会对赘肉变得敏感

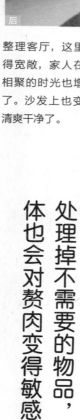

春濑女士（以下简称春）：我的性格有些懒散，也不喜欢做家务。因此家里逐渐变得零乱，收纳整理也越来越麻烦。

梶：我其实也是一个懒散的人。正因如此，才将家打造成易于整理的空间。

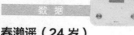
春濑遥（24 岁）
体重：51.9kg
身高：160cm
家庭成员：丈夫、长子（2 岁）
住宅格局：2LDK，共 41m²

客厅

孩子们在客厅玩耍

孩子们在家中的活动范围很广阔，因此各处都需要收纳整理。整理客厅之后，给孩子们打造出一个玩耍的空间。

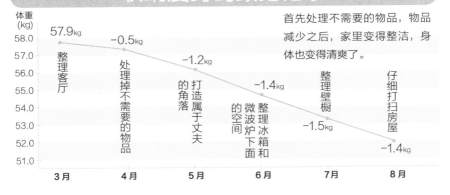

收纳瘦身的数据记录

首先处理不需要的物品，物品减少之后，家里变得整洁，身体也变得清爽了。

体重
(kg)

时间	活动	体重变化
3月	整理客厅	57.9kg
4月	处理掉不需要的物品	−0.5kg
5月	打造属于丈夫的角落	−1.2kg
6月	整理冰箱和微波炉下面的空间	−1.4kg
7月	整理壁橱	−1.5kg
8月	仔细打扫房屋	−1.4kg

春：没有干劲儿，感觉时间变得冗长，为了改变自己，开始收纳整理。

梶：生活在散乱的环境里，心情也变得消极了。

春：是啊。反之，生活环境清爽整洁的话，心情也会变得积极乐观。怀孕生产之后，我变得很胖，虽然期间一直装作看不见，但现在想面对现实。就像处理掉不需要的物品，将房间整理干净那样，我也想减掉赘肉，让身体变得"清爽"起来。

在客厅打造儿童角落，收纳更方便

一天中，孩子在客厅里要度过大半时光，将孩子的衣服、玩具放在这里，就不用去其他房间取用了。玩具放在置物架下面孩子能够到的地方。

玩具全部放进这里，整理变轻松

春濑女士说："房间里到处都是玩具，如果全都放在这个收纳筐里，就能减小整理压力。"梶谷女士说："在收纳方式上稍稍下功夫，收纳整理就会变得轻松。"

购买廉价物品时要慎重

春：收纳用品不需要昂贵，十元店里的物品也可以使用。但是在购买前要决定好去什么地方购买什么。

梶：这是非常重要的事情。"价格低廉所以买回来，不能用也无所谓"，如果有这种疏忽大意的想法，不需要的物品就会变成家里的"累赘"，增加一两个不需要的物品，"累赘"也会越来越多。

春：虽然处理掉很多不需要的物品，但也有很多不想丢弃的物品。

孩子的纪念品放在一个收纳箱里收纳

想要保留下来的具有纪念意义的物品放在"回忆箱"里。根据这个箱子的容量大小决定放入其中的物品多少。

丢弃不需要的物品，衣橱变得空空如也

家中三人的衣服大量减少。原本想要卖掉旧衣服，但不想放在手边，于是参加了衣服回收的活动，统一寄走了。

为了方便整理，只买小开本的杂志

我们家每月订阅的杂志开本是迷你型的版本。春濑女士说："为了节省空间，迷你尺寸的杂志更容易整理。"

梶：我觉得没必要舍弃全部物品，减少物品并不是收纳。即使是不需要的物品，如果拿着它可以令心情愉快，继续保留也未尝不可。减肥不仅是减掉脂肪，也要有必要的肌肉。同样，如果丢弃对自己而言很重要的物品，就不能打造出令人心情愉快的房间了。

"在这里就可以玩"的玩具箱

这里放着孩子喜欢的玩具。我不希望孩子在睡觉前跑得很远玩玩具，而让孩子在附近玩一会儿。这样会让整理变得轻松。

即使进度缓慢，坚持下去就能达成目标

整理也好，减肥也好，都容易过分努力。梶谷女士说："快乐地坚持下去，比努力本身更重要。如果能坚持下去，即使花费了时间，也一定能达到目标。"

在壁橱的门上贴标签

春濑女士说："在壁橱的门上贴标签，丈夫也能找到自己的物品。"梶谷女士说："标签贴在视线高的位置好一点。纸巾等拿掉包装收纳的物品也能很容易地取出来，这一点很棒。"

贴标签

"衣物收纳箱＋标签"，壁橱大变样

壁橱又高又深，就这样使用的话，会浪费很多难以利用的空间。将收纳箱放入壁橱，按照衣服类别，将衣服收纳在收纳箱中，寻找起来会方便很多。

前

打造属于丈夫的角落

为了让丈夫能自己准备他的必需品，打造了属于他的角落，他不再问我"那个东西在哪里"了。因为事先定好了放置场所，他养成了用完就放回原位的习惯。

"收纳筐＋标签"，让冰箱不再杂乱

前

用收纳筐将冰箱的食品分开收纳，这么做不仅是为了看上去整洁，还能关注到角落里的食材的保质期。

后

后

家中如果整洁的话，能增进夫妻感情

热豆奶中的异黄酮有助于美容

大豆异黄酮有助于平衡女性激素水平，为了促进新陈代谢，她养成了喝热饮的习惯。

瘦了之后裤子也宽松了

肥胖的时候穿着粗棉布衣服，腰部显得肥大。春濑女士说："减肥成功之后，腰部脂肪消失，感觉清爽无比。"

前

洗漱用品不放在浴室，打扫更轻松

以前是将洗漱用品放在收纳筐里面，然后放在浴室，现在放在浴室外面了，这样，打扫浴室就变得轻松了。

从"灰姑娘式收纳"中感受整理的乐趣

使用廉价的收纳用品整理微波炉下面的空间。春濑女士说："最下面的收纳用品虽然是花盆，但非常适用。"梶谷女士说："这样感觉像是灰姑娘式的收纳。"

后

2017年3月，春濑女士的体重是57.9kg，身体很重，每天都很懒散，脸胖乎乎的，手臂上也都是脂肪。

使用悬挂收纳法收纳药品

将药品放在网兜里面，悬挂起来收纳。因为使用了网兜，所以能看到里面的药品，丈夫自己也能找到他需要的药品了。

墙壁上的小孔虽然小，但加上能承重10kg的石膏板，就可以在这里悬挂重物，充分利用墙壁收纳空间。

后记

我从小就喜欢收纳整理，所以在收纳上没什么烦恼。但是，从十几岁开始，我就对减肥感到困扰。周而复始地尝试错误的减肥方法，不仅让自己痛苦不堪，也让家人十分担心。

这样的我成了收纳整理方面的教师，当重新审视自己在减肥方面的烦恼时，我惊奇地发现，减肥和收纳有很多共通的地方。

这次，出版社的编辑邀请我写一本有关"减肥和收纳"的书，我非常高兴。为什么会高兴呢？因为我在减肥上的失败真的是周而复始，这种失败的教训对教授收纳而言，一定颇有益处。

至 2017 年 10 月为止，我已经从事这项工作四年了。我遇到了很多人，听到了很多收纳方面的烦恼，也见证了很多人通过整理收纳重拾笑颜。我认为如何整理收纳没有唯一的答案，与自身相契合的方法就是正确的。减肥也是如此。在本书中，我最想告诉大家的是，整理也好，减肥也好，仅仅减少物品和减轻体重，这并不是成功。家和身体变得"肥胖"，各人各家都有自己的原因。你需要认真思考那个原因究竟是什么。关于收纳和减肥的信息有很多，选择适合自己的方法，这是最重要的。如果你能以本书为契机，开始思考家和身体变得"肥胖"的原因，寻找适合自己的方法，那么我将不甚荣幸。

家和身体的"瘦身"，都不是"心灵的瘦身"，你和家人的笑容能持续下去，这是最重要的。我希望，收纳瘦身不是收敛大家的笑容，而是让大家始终绽放笑容。

梶谷阳子